9788981103033
KB268369

긍정심리학 창시자
마틴 셀리그만의

내 아이 강점지능 찾아주기

{ "내 아이의 강점을 찾아주는 것이 행복한 아이로 만드는 열쇠이다!" }

마틴 셀리그만

도서출판 물푸레

강점 지능은 왜 필요한가?

"우리 아이는 내가 제일 잘 알아요!", "좋다는 프로그램은 다 해봤어요,"

　자녀 이야기를 시작할 때 가장 먼저 꺼내는 이야기가 이것이고, 가장 크게 착각하는 부분도 분명 이것이다. 당신의 아이는 당신이 제일 모른다. 아빠와 엄마와 닮은 분신을 바라고 있다면 생김새는 가능할 수 있지만, 속까지 그런 아이는 꿈속에서나 가능한 상상이다. 옛말 중 자식 겉 낳지, 속 낳는 것 아니라는 말이 괜히 있는 것이 아니다. 그러므로 부모들이 가장 먼저 해야 할 일은 애가 누굴 닮아 그러지, 라는 생각보다, 자녀를 부모와 전혀 다른 한 사람으로 인정하고 객관적으로 바라보는 것이다.

　당신의 자녀가 지금 심통을 부리고, 고집 세고, 예민하고, 낯가림이 심한 것이 부모 성격을 닮아 그런 것이 아니듯, 당신이 국어를 잘 하고, 남편이 수학을 잘 한다고 해서 문과와 이과에 능통한 영재가 태어나리라는 보장도 없다. 당신 부부가 무엇을 못했든 돌연변이처럼 자녀는 잘할 수 있다. 그것이 태교의 영향이든 아니면 후천적인 환경 조성이든 자녀만의 특징이 있다는 것을 알아야 한다. 그러므로 섣부른 판단이나 부모식의 교육법은 효과가 없고, 부모가 자랄 때의 경험을 살려 그대로 주입하게 되면 도리어 자녀에게 독이 될 수 있으므로 유의해야 한다.

또한 TV와 잡지 등 몇 가지 사례를 통한 일반화된 방법들이 당신의 아이에게 다 통할 수도 없다는 것도 말하고 싶다. 그 안에 나오는 아이들이 가진 능력이 다르고, 다가가는 접근 방법이 다르기 때문에 자녀의 특성을 알아야 한다. 이것으로 자녀가 문제아라고 판단하는 기준은 절대 될 수 없다. 여기까지 듣고 대부분의 부모들은 세 가지 질문을 하게 될 것이다.

첫 번째로 강점지능과 재능은 다른가?

강점 지능을 흔히들 재능이나 학습에 국한된 잠재능력이라 생각할 수 있지만 강점 지능은 분명 재능과 구별된다. 강점 지능의 구성 요소가 정직, 용기, 창의력, 친절 등이라면, 미모, 빠른 주력, 절대음감 등의 재능과는 다르다. 물론 강점과 재능은 모두 긍정심리학의 주제이고 비슷한 점도 많지만, 두드러진 차이가 분명 있다. 강점은 도덕적 특성이지만, 재능에는 도덕적 개념이 없다는 사실이다. 게다가 일반적으로 재능은 강점만큼 계발하는 것이 힘들다. 사실 100미터 달리기 준비 자세에서 엉덩이를 더 높이 쳐들면 시간을 단축할 수 있고, 화장을 하면 얼굴이 훨씬 예뻐 보이기도 하고, 고전음악을 많이 들으면 음감을 발달시킬 수도 있다. 그러나 이런 것들은 이미 타고난 재능을 조금 더 향상시키는 것에 지나지 않는다.

1) 강점지능은 노력에 의해 계발이 가능하다

강점지능의 요소인 정직, 용기, 창의력, 친절은 선천적으로 타고나지 못했다 하더라도 본인과 주위의 노력을 통해 얼마든지 계발할 수가 있다. 재능은 선천적인 특성이 훨씬 커서 사람들은 대개 재능이 있거나 없거나 둘 중 하나다. 만일 절대음감이나 장거리 달리기에 알맞은 폐활량을 타고나지 않았다면 그런 재능을 계발하는 데 큰 한계가 있을 것이다. 아이들이 습득하는 것은 타고난 재능의 표상일 뿐이다. 그러나 학구열이나 신중함, 겸손, 낙관성은 이와 다르다. 이런 강점들을 습득하면 그것이 곧 자신의 참모습이 된다.

2) 강점지능은 자율 의지에 따라 결정된다

재능은 기계적으로 습득하는 경우가 많지만(예 : 이것은 다장조다), 강점은 대개 자율 의지에 따라 결정된다(예 : 카운터 직원이 잘못 계산하여 50달러를 더 거슬러주었을 때 그것을 사실대로 말하는 데는 개인의 의지가 필요하다). 재능에도 몇 가지 선택이 필요하지만, 그건 계발과 활용을 어느 정도로 할 것이냐에 관한 것일 뿐이다. 즉, 그 재능을 지닐 것인지의 여부를 선택하는 것은 아니다. 예컨대 "제인은 아주 총명한데 좋은 머리를 썩이고 있다"라는 표현이 가능한 것은, 여기에는 질의 의지력 부족이 드러나 있기 때문이다. 그녀가 높은 지능지수를 스스로 선택한 것은 아니지만, 우수한 두뇌의 계발과 활용이라는 면에서 잘못 선택함으로써 자신의 재능을 낭비하고 있는 것이다. 그러나 "제인은 아주 친절한 사람이지만, 자신의 친절을 썩히고 있다"는 표현은 있을 수 없다. 강점은 낭비할 수 없는 것이다. 강점은 언제 발휘하고 어떻게 지속적으로 계발하느냐를 선택하고, 처음으로 습득할 시기를 선택하는 것이다. 결단을 내리고 꾸준히 노력한다면 평범한 사람들도 얼마든지 강점들을 습득할 수 있다. 그러나 재능은 의지에 따라 습득할 수 있는 것이 아니다.

3) 강점지능은 내적 갈등을 극복할 때 자부심이 커진다.

상점에서 잘못 받은 거스름돈 1만원을 되돌려주면서 뿌듯함을 느끼는 것은 왜일까? 그것은 정직이라는 타고난 특성을 어느 날 갑자기 칭찬받았기 때문이 아니라, 올바른 일을 한 것에 대한 자부심을 느끼기 때문이다. 다시 말해 점원의 계산 착오니까 괜찮다며 그 돈을 슬그머니 자기 주머니에 넣는 것보다 사실을 밝히는 쪽을 선택하는 것이 훨씬 더 어렵기 때문이다. 그것이 누구나 쉽게 할 수 있는 일이라면 뿌듯함을 느낄 리 없다. 그러니까 심각한 내적 갈등을 극복할 때(예 : '여기는 대형 슈퍼마켓이니 괜찮겠지. 그렇지만 계산을 잘못한 그 점원은 1만원을 물어내야 할지도 몰라.') 자신에 대한 자부심이 더욱 커지는 것이다.

김연아 선수가 쉽게 스핀을 돌고 어려운 점프 기술을 보여줄 때와, 그가 부상 투혼을 이겨내고 실수 없이 프로그램을 무사히 마치는 모습을 볼 때 우리가 느끼는 감정은 분명히 다르다. 별다른 어려움 없이 발휘하는 대가다운 면모는 전율, 숭배, 감탄, 경외감을 불러일으킨다. 그러나 그것은 우리가 아무리 노력해도 따라가기 어려운 것이기 때문에, 어떤 어려움이 있어도 꼭 해내고야 말겠다는 용기와 의욕을 불러일으키지는 않는다.

두 번째는 자녀의 강점지능을 계발하려면 어떻게 해야 하나?

1) 어떤 것이든 강점지능을 발휘할 때 마다 반드시 보상해 주어야 한다.

그러면 어느 순간 자녀가 몇 가지 강점에 가까워지는 모습을 발견하게 될 것이다. 그 몇 가지가 바로 자녀의 대표 강점지능을 싹틔울 잘 여문 씨앗이다. 아래 아동 강점 검사지를 활용하면 자녀의 대표 강점을 파악하고 계발해주는 데 큰 도움이 될 것이다.

2)새싹이 돋은 자녀의 대표 강점을 정상적인 가정생활 속에서 발휘할 수 있게하자.

아이가 대표 강점을 발휘하거든 그것이 무엇이든 무조건 이름을 붙여주고 칭찬해주도록 하자.

우리집에서는 이 낙관적인 강점 이론을 전제로 하여 우리 아이들이 다양한 강점들을 발휘할 때마다 인정해주고, 이름을 붙여주고, 보상을 준다. 그러다 보면 강점들의 틀이 잡히고, 아이들은 저마다 지닌 독특한 강점을 자꾸 발휘하게 된다.

라라는 늘 공정성을 지키려고 노력했다. 누가 시키지도 않았는데 라라가 스스로 자기 블록을 니키와 똑같이 나눠 갖는 것을 처음 보았을 때, 우리 부부는 호들갑을 떨면서 흐뭇해했다. 내가 루카스Lucas, Anthony의 마지막 걸작, 20

세기 초 어느 노동조합 위원장이 아이다호의 전 주지사를 살해한 사건을 다루고 있는 흥미진진한 책『커다란 고난Big Trouble』을 읽었을 때, 저녁을 먹으며 아내에게 그 줄거리를 들려주는 동안 라라가 사회주의의 도덕률에 굉장히 흥미로워한다는 사실을 발견했다. 만 일곱 살 된 딸과 공산주의와 자본주의, 독점과 독점금지법에 대해 꽤나 오랫동안 이야기를 나누었다. 물론 "만일 네 장난감을 하나만 남기고 장난감이 없는 아이들에게 전부 나눠준다면 어떻게 될까?" 하는 식으로 아이 수준에 맞춰 이야기를 했다.

니키는 언제 보아도 친절하고 참을성이 많았다. 니키는 어린 대릴에게 색칠하기와 알파벳을 가르쳐주었는데, 늦은 밤까지 가르치고 있는 모습이 눈에 띄곤 했다. 대릴은 워낙 고집이 센데다 열심이어서 무언가에 재미를 붙이면 끝낼 줄을 몰랐기 때문이다.

세 번째는 부모가 강점 지능을 찾는 게 쉬운 일인가?

강점 지능을 찾기 위해서는 몇 가지 조건이 필요하다. 먼저 나이를 살펴보자면 아이의 자아가 완전히 성립되고 의사 소통이 분명히 이루어져야 하기 때문에 7세쯤이 가장 적정 시기이다. 그리고 그때 아이의 대표 강점이 두드러지게 나타나기 시작한다. 그러므로 아무리 성급한 성격을 가진 부모라 하더라도, 혹은 조기 맞춤 교육을 하고 싶다 하더라도 3세부터 이 검사를 할 수는 없다. 정확도가 떨어지고, 아이가 자기 자신의 의사 표현이 부정확하고, 대표 강점이 변할 수 있기 때문이다. 또한 이 강점지능 검사는 크리스트퍼 피터슨(미시건 대학 심리학과 교수)와 마틴 셀리그먼(펜실베니아 대학교 심리학과 교수)이 개발한 것으로 성인 강점 검사(마틴 셀리그만의 긍정 심리학 참조)에 기준하여 개발되었으므로 굉장히 많은 연구 사례를 거쳐 정확성을 갖고 있다. 현재 200개국에서 100만 명 이상이 참여했다. 비슷한 결과를 얻은 다른 사람들과 당신 자신을 비교할 수 있다는 이점도 있다.

강점 지능을 개발하게 되면 무엇이 좋은가?

강점지능은 언어 능력 발달과 비슷하다. 건강하게 태어난 신생아는 누구나 인간의 모든 언어에 대한 능력을 타고나며, 청각이 발달해서 옹알이를 할 때부터 모든 언어의 기본적인 음성을 식별하게 될 것이다. 그러나 그 다음부터 일정한 방향으로 움직이기 시작하는 이른바 '옹알이의 정향定向 변화'가 시작된다(나는 이 정향 변화를 위험에 처한 심리학을 구할 수 있는 최고의 해결책으로 꼽는다). 신생아의 옹알이는 자기 주위 사람들이 말하는 언어 쪽에 점점 더 가까워지게 된다. 생후 1년쯤 되면, 아이의 발성은 장차 모국어가 될 음성과 아주 비슷해진다.

건강하게 태어난 신생아는 이러한 언어 능력 못지않게 아래 제시한 24가지 강점을 모두 발달시킬 수 있는 능력을 타고난다는 점에 초점을 맞추고 싶다.

지혜와 지식

1. 호기심 ______

2. 학구열 ______

3. 판단력 ______

4. 창의성 ______

5. 사회성 지능 ______

6. 예견력 ______

용기

7.용맹함 ______

8. 끈기 ______

9. 진정성 ______

사랑과 인간애

10. 친절 ______

11. 사랑 ______

정의감

12. 시민 의식 _____

13. 공정성 _____

14. 지도력 _____

절제력

15. 자기통제력 _____

16. 신중함 _____

17. 겸손 _____

영성과 초월성

18. 감상력 _____

19. 감사 _____

20. 희망 _____

21. 영성 _____

22. 용서 _____

23. 유머 감각 _____

24. 열정 _____

‘강점의 정향 변화’는 앞서 말한 것처럼 생후 6년 이후부터 일어난다. 부모나 보호자한테 칭찬, 사랑, 관심을 받을 특정한 성품이나 행동을 아이가 찾아내면, 그때부터 아이는 자신의 강점을 자기 것으로 받아들여 마음의 조각칼을 든 예술가가 된다. 꼬마 예술가는 조각칼을 들고 재능, 흥미, 강점 사이를 오락가락하며 나름대로 정성껏 조각하면서 자신이 성공한 것과 실패한 것이 무엇인지 깨달아가며, 시행착오를 겪으면서 몇 가지 강점 지능을 공들여 다듬기 시작할 것이다. 아울러 실패한 것들은 작업실 바닥에 수북이 쌓일 정도로 깎아내 버리며 강점 지능을 성장시키며 완성해 나갈 것이다.

강점 지능 검사는 어떻게 해야 하나?

대표 강점지능의 특징

- 그 강점을 찾으면 소유감과 정체성을 느낀다. (“이게 진짜 나야.”)

- 그 강점을 특히 맨 처음에 발휘할 때 짜릿하다.

- 그 강점을 처음 연습할 때 학습 속도가 매우 빠르다.

- 그 강점을 활용할 새로운 방법을 아주 열심히 찾아낸다.

- 그 강점을 필연적으로 활용할 수밖에 없다. ("나 좀 그만두게 해줘.")

- 그 강점을 활용할 때 피곤하기는커녕 오히려 힘이 솟는다.

- 그 강점을 주로 활용할 수 있는 개인적인 새로운 일을 고안하고 추구한다.

- 그 강점을 활용하는 동안 기쁨, 열정, 열광, 심지어 몰입에 빠진다.

강점 지능을 찾는 것의 이유가 바로 이런 특징들 때문이다. 강점을 알게 되면 학습 속도가 매우 빠르며, 활용하게 되면 힘도 솟고 더 큰 기쁨으로 모든 생활을 영위하게 된다. 그렇다면 이 중요한 강점 지능 검사를 하는 방법을 살펴보자.

먼저 자녀의 컨디션을 살피고 가장 차분한 시간과 환경을 조성해야 한다. 장난식으로 아무거나 체크를 한다거나,

아이가 아파서 하고 싶지 않은 상황이라면 나중으로 미루자. 왜냐하면 이것은 자녀의 성적보다 일생을 거쳐 자녀의 대표 강점을 찾는 것이므로 신중하게 설문 조사를 해야 한다.

설문 조사를 끝낼 때 부모님은 자녀가 소유한 강점들의 순위에 특히 주의를 기울인다. 놀라운 점이 하나라도 있는가? 순위가 제일 높은 다섯 가지 강점을 한 번에 하나씩 자문한다. "이것이 진짜 내 자녀의 대표 강점일까?"

만약 검사의 신뢰도에 의심되는 부분이 있다면 다시 한 번 시도해보도록 하자. 100만 이상의 사람들이 검사와 결과에 만족하는 연구 조사이므로 검사 태도나 아이가 진정성 있는 대답을 했다면 그 결과는 믿어도 좋다.

강점 지능 결과가 나온 후에는 어떻게 해야 하나?

검사를 마친 후에는 자녀가 다음 연습을 실천할 수 있도록 도와주어야 한다. 이번 주에 학교나 집에서 또는 방학 중에 따로 시간을 마련해서 자신의 대표 강점지능 한두 가지를 새로운 방식으로 연습하기 바란다. 대표 강점지능을 활용하는 연습에만 몰두할 시간을 반드시 따로 배정해야 한다. 예를 들어서,

- 강점지능에서 창의성이 높게 나왔다면, 아이는 저녁 식사 후 동화 한 편 쓰는 것을 즐기게 될 것이다.
- 대표 강점이 희망/낙관성이라고 확인했다면 우주 탐험 프로그램의 미래에 대해 희망을 표현하는 책을 읽게 해준다.
- 대표 강점이 자기 통제력이라고 믿는다면 저녁에 운동을 하게 하고 자기 관리를 할 수 있는 방법을 찾는다.
- 대표 강점이 아름다움과 훌륭함에 대한 감상력이라면 주말에 미술 전시회를 데리고 가고 그 감상문을 써서 함께 공감할 수 있는 시간을 갖는다.

이상의 자세한 검사 결과 및 계획 등의 결과는 검사 후 항목 별로 하나하나 정리하여 다시 살펴보도록 하겠다.

내 아이 강점지능 검사지

자녀가 10세 이하일 경우에는 큰 소리로 읽어주고, 그 이상일 때는 아이가 직접 하게 하라. 이 검사는 검사지에서 강점별로 가장 변별력이 큰 문항을 두 개씩 고른 것이다. 이 검사 결과에 따라 자녀의 강점지능 순위를 매기는 것이다.

1. 호기심

a) 혼자 있을 때도 전혀 심심하지 않다.

1	2	3	4	5
나와 매우 다르다	나와 다르다	보통이다	나와 비슷하다	나와 매우 비슷하다

b) 알고 싶은 것이 있을 때는, 대부분의 내 또래 아이들보다 책이나 컴퓨터를 더 열심히 찾아본다.

1	2	3	4	5
나와 매우 비슷하다	나와 비슷하다	보통이다	나와 다르다	나와 매우 다르다

두 점수를 더하여 여기에 써라. ___________

이것이 당신 자녀의 호기심 점수이다.

2. 학구열

a) 새로운 것을 배우면 무척 기쁘다.

1	2	3	4	5
나와 매우 다르다	나와 다르다	보통이다	나와 비슷하다	나와 매우 비슷하다

b) 박물관에 가는 게 정말 싫다.

1	2	3	4	5
나와 매우 비슷하다	나와 비슷하다	보통이다	나와 다르다	나와 매우 다르다

두 점수를 더하여 여기에 써라. ___________

이것이 당신 자녀의 학구열 점수이다.

3. 판단력

a) 친구들과 게임이나 놀이를 하는 도중에 문제가 생기면 그 원인을 금방 알아낸다.

1	2	3	4	5
나와 매우 다르다	나와 다르다	보통이다	나와 비슷하다	나와 매우 비슷하다

b) 부모님은 언제나 내 판단이 틀렸다고 지적하신다.

1	2	3	4	5
나와 매우 비슷하다	나와 비슷하다	보통이다	나와 다르다	나와 매우 다르다

두 점수를 더하여 여기에 써라. ___________

이것이 당신 자녀의 판단력 점수이다.

4. 창의력

a) 언제나 재미있는 새로운 아이디어를 제안한다.

1	2	3	4	5
나와 매우 다르다	나와 다르다	보통이다	나와 비슷하다	나와 매우 비슷하다

b) 내 또래 아이들보다 상상력이 훨씬 더 뛰어나다.

1	2	3	4	5
나와 매우 비슷하다	나와 비슷하다	보통이다	나와 다르다	나와 매우 다르다

이 두 점수를 더하여 여기에 써라. __________

이것이 당신 자녀의 창의력 점수이다.

5. 사회성 지능

a) 어떤 단체에 가입해도 그 회원들과 잘 어울린다.

1	2	3	4	5
나와 매우 다르다	나와 다르다	보통이다	나와 비슷하다	나와 매우 비슷하다

b) 즐거울 때든 슬플 때든 화날 때든, 항상 그 이유를 알고
있다.

1	2	3	4	5
나와 매우 비슷하다	나와 비슷하다	보통이다	나와 다르다	나와 매우 다르다

이 두 점수를 더하여 여기에 써라. ___________

이것이 당신 자녀의 사회성 지능 점수이다.

6. 예견력

a) 어른들은 내가 나이에 비해 아주 어른스럽다고 말씀하신다.

1	2	3	4	5
나와 매우 다르다	나와 다르다	보통이다	나와 비슷하다	나와 매우 비슷하다

b) 사람이 살아가는 데 정말로 중요한 것이 무엇인지 알고 있다.

1	2	3	4	5
나와 매우 비슷하다	나와 비슷하다	보통이다	나와 다르다	나와 매우 다르다

이 두 점수를 더하여 여기에 써라. ___________

이것이 당신 자녀의 예견력 점수이다.

7. 용기

a) 아무리 두려워도 내가 한 말을 끝까지 지킨다.

1	2	3	4	5
나와 매우 다르다	나와 다르다	보통이다	나와 비슷하다	나와 매우 비슷하다

b) 설령 놀림감이 되더라도 옳다고 생각한 대로 한다.

1	2	3	4	5
나와 매우 비슷하다	나와 비슷하다	보통이다	나와 다르다	나와 매우 다르다

이 두 점수를 더하여 여기에 써라. ____________

이것이 당신 자녀의 용기 점수이다.

8. 인내

a) 부모님은 언제나 내가 끝까지 잘했다고 칭찬하신다.

1	2	3	4	5
나와 매우 다르다	나와 다르다	보통이다	나와 비슷하다	나와 매우 비슷하다

b) 목표를 이룩한 것은 내가 열심히 했기 때문이다.

1	2	3	4	5
나와 매우 비슷하다	나와 비슷하다	보통이다	나와 다르다	나와 매우 다르다

이 두 점수를 더하여 여기에 써라. ____________

이것이 당신 자녀의 인내 점수이다.

9. 정직

a) 다른 사람의 일기나 편지는 절대로 훔쳐보지 않는다.

1	2	3	4	5
나와 매우 다르다	나와 다르다	보통이다	나와 비슷하다	나와 매우 비슷하다

b) 곤경에서 빠져나올 수 있다면 거짓말이라도 할 것이다.

1	2	3	4	5
나와 매우 비슷하다	나와 비슷하다	보통이다	나와 다르다	나와 매우 다르다

이 두 점수를 더하여 여기에 써라. ___________

이것이 당신 자녀의 정직 점수이다.

10. 친절

a) 새로 전학 온 친구에게 잘해주려고 노력한다.

1	2	3	4	5
나와 매우 다르다	나와 다르다	보통이다	나와 비슷하다	나와 매우 비슷하다

b) 부탁 받지 않고도 자진해서 이웃이나 부모님을 도와드린

적이 있다.

1	2	3	4	5
나와 매우 비슷하다	나와 비슷하다	보통이다	나와 다르다	나와 매우 다르다

이 두 점수를 더하여 여기에 써라. ___________

이것이 당신 자녀의 친절 점수이다.

11. 사랑

a) 내가 누군가의 삶에서 가장 중요한 사람이라는 것을 알고

있다.

1	2	3	4	5
나와 매우 다르다	나와 다르다	보통이다	나와 비슷하다	나와 매우 비슷하다

b) 형이나 누나, 사촌 형제와 심하게 싸우더라도, 나는 여전히 그들을 진심으로 사랑한다.

1	2	3	4	5
나와 매우 비슷하다	나와 비슷하다	보통이다	나와 다르다	나와 매우 다르다

이 두 점수를 더하여 여기에 써라. ___________

이것이 당신 자녀의 사랑 점수이다.

12. 시민 의식

a) 동아리 활동이나 방과 후 활동을 하는 것이 정말 즐겁다.

1	2	3	4	5
나와 매우 다르다	나와 다르다	보통이다	나와 비슷하다	나와 매우 비슷하다

b) 학교에서 실시하는 단체 활동을 정말 잘할 수 있다.

1	2	3	4	5
나와 매우 비슷하다	나와 비슷하다	보통이다	나와 다르다	나와 매우 다르다

이 두 점수를 더하여 여기에 써라. ___________

이것은 당신 자녀의 시민 의식 점수이다.

13. 공정성

a) 설령 내가 싫어하는 사람이라도 그 사람을 공정하게 대한다.

1	2	3	4	5
나와 매우 다르다	나와 다르다	보통이다	나와 비슷하다	나와 매우 비슷하다

b) 나는 잘못하면 언제나 그 사실을 시인한다.

1	2	3	4	5
나와 매우 비슷하다	나와 비슷하다	보통이다	나와 다르다	나와 매우 다르다

이 두 점수를 더하여 여기에 써라. ___________

이것이 당신 자녀의 공정성 점수이다.

14. 리더십

a) 다른 아이들과 게임이나 운동을 할 때면, 아이들은 언제나 내가 주장이 되기를 바란다.

1	2	3	4	5
나와 매우 다르다	나와 다르다	보통이다	나와 비슷하다	나와 매우 비슷하다

b) 친구들이나 우리 팀에 속한 아이들은 나를 주장으로서 신뢰하고 존경했다.

1	2	3	4	5
나와 매우 비슷하다	나와 비슷하다	보통이다	나와 다르다	나와 매우 다르다

이 두 점수를 더하여 여기에 써라. _____________

이것이 당신 자녀의 리더십 점수이다.

15. 자기통제력

a) 필요하다면 비디오게임이나 텔레비전 시청을 당장 그만

   둘 수 있다.

1	2	3	4	5
나와 매우 다르다	나와 다르다	보통이다	나와 비슷하다	나와 매우 비슷하다

b) 항상 일을 늦게 한다.

1	2	3	4	5
나와 매우 비슷하다	나와 비슷하다	보통이다	나와 다르다	나와 매우 다르다

이 두 점수를 더하여 여기에 써라. _____________

이것이 당신 자녀의 자기통제력 점수이다.

16. 신중성

a) 나를 위험에 빠뜨릴 것 같은 상황이나 친구들은 피한다.

1	2	3	4	5
나와 매우 다르다	나와 다르다	보통이다	나와 비슷하다	나와 매우 비슷하다

b) 어른들은 내가 말이나 행동을 할 때 현명하게 선택한다고
말씀하신다.

1	2	3	4	5
나와 매우 비슷하다	나와 비슷하다	보통이다	나와 다르다	나와 매우 다르다

이 두 점수를 더하여 여기에 써라. ___________
이것이 당신 자녀의 신중성 점수이다.

17. 겸손

a) 내가 말하기보다는 다른 사람들에게 말할 기회를 더 많이
준다.

1	2	3	4	5
나와 매우 다르다	나와 다르다	보통이다	나와 비슷하다	나와 매우 비슷하다

b) 사람들은 나에게 잘난 척한다고 말한다.

1	2	3	4	5
나와 매우 비슷하다	나와 비슷하다	보통이다	나와 다르다	나와 매우 다르다

이 두 점수를 더하여 여기에 써라. ___________
이것이 당신 자녀의 겸손 점수이다.

a) 대부분의 내 또래보다 음악이나 영화 감상, 춤추기를 훨씬
   더 좋아한다.

1	2	3	4	5
나와 매우 다르다	나와 다르다	보통이다	나와 비슷하다	나와 매우 비슷하다

b) 가을에 나뭇잎 색깔이 변해가는 모습을 보는 게 기쁘다.

1	2	3	4	5
나와 매우 비슷하다	나와 비슷하다	보통이다	나와 다르다	나와 매우 다르다

이 두 점수를 더하여 여기에 써라. ___________

이것은 당신 자녀의 감상력 점수이다.

19. 감사

a) 내 생활을 생각할 때 고마워할 것이 많다.

1	2	3	4	5
나와 매우 다르다	나와 다르다	보통이다	나와 비슷하다	나와 매우 비슷하다

b) 선생님께서 나를 도와주실 때 "고맙습니다"라고 말하는
   것을 잊어버린다.

1	2	3	4	5
나와 매우 비슷하다	나와 비슷하다	보통이다	나와 다르다	나와 매우 다르다

이 두 점수를 더하여 여기에 써라. ___________

이것이 당신 자녀의 감사 점수이다.

20. 낙관성

a) 학교 성적이 나쁘게 나오면, 항상 다음에는 더 잘 나올 것
   이라고 생각한다.

1	2	3	4	5
나와 매우 다르다	나와 다르다	보통이다	나와 비슷하다	나와 매우 비슷하다

b) 이 다음에 아주 행복한 어른이 될 것 같다.

1	2	3	4	5
나와 매우 비슷하다	나와 비슷하다	보통이다	나와 다르다	나와 매우 다르다

이 두 점수를 더하여 여기에 써라. ___________

이것이 당신 자녀의 낙관성 점수이다.

21. 영성

a) 사람은 저마다 특별한 존재이며 중요한 삶의 목적이 있다
   고 믿는다.

1	2	3	4	5
나와 매우 다르다	나와 다르다	보통이다	나와 비슷하다	나와 매우 비슷하다

b) 불행한 일이 생기면, 신앙심으로 극복할 수 있다.

1	2	3	4	5
나와 매우 비슷하다	나와 비슷하다	보통이다	나와 다르다	나와 매우 다르다

이 두 점수를 더하여 여기에 써라. ___________

이것이 당신 자녀의 영성 점수이다.

22. 용서

a) 누군가 내 기분을 상하게 하더라도, 절대로 그 사람에게
   앙갚음하려고 하지 않는다.

1	2	3	4	5
나와 매우 다르다	나와 다르다	보통이다	나와 비슷하다	나와 매우 비슷하다

b) 사람들이 잘못했을 때 용서한다.

1	2	3	4	5
나와 매우 비슷하다	나와 비슷하다	보통이다	나와 다르다	나와 매우 다르다

이 두 점수를 더하여 여기에 써라. ___________

이것이 당신 자녀의 용서 점수이다.

23. 유머감각

a) 아이들은 대부분 나랑 같이 놀 때 정말 재미있어한다.

1	2	3	4	5
나와 매우 다르다	나와 다르다	보통이다	나와 비슷하다	나와 매우 비슷하다

b) 친구가 우울해 보이거나 내 기분이 좋지 않을 때, 더 즐거운 분위기를 만들려고 일부러 재미있는 행동을 하거나 우스갯소리를 한다.

1	2	3	4	5
나와 매우 비슷하다	나와 비슷하다	보통이다	나와 다르다	나와 매우 다르다

이 두 점수를 더하여 여기에 써라. ___________

이것이 당신 자녀의 유머감각 점수이다.

24. 열정

a) 내 삶을 사랑한다.

1	2	3	4	5
나와 매우 다르다	나와 다르다	보통이다	나와 비슷하다	나와 매우 비슷하다

b) 아침에 눈을 뜰 때마다 새로운 하루를 시작한다고 생각하면 흥분된다.

1	2	3	4	5
나와 매우 비슷하다	나와 비슷하다	보통이다	나와 다르다	나와 매우 다르다

이 두 점수를 더하여 여기에 써라. ___________
이것이 당신 자녀의 열정 점수이다.

대개 9점에서 10점을 받은 항목이 5개 이하인데, 이것이 바로 당신 자녀의 강점들이다. 이것을 표시해두라. 4점에서 6점을 받은 것은 약점에 속한다.

내 아이 강점 지능 검사 해설지

검사 결과가 높게 나온 것이 무엇을 뜻하고 이 항목들의 특징과 어떤 장점을 갖고 있는 지 더 궁금해질 것이다. 이제 검사를 통해 나온 대표 강점지능을 찾고 어떻게 계발시켜 주어야 하며 무엇을 주의해야 하는지 찾아보도록 하자. 만약 낮게 나온 항목이 있다면 그것을 포기하지 말고 더 부모가 주의력을 갖고 관찰하며 아이의 문제를 발전시킬 수 있도록 도와주어야 한다.

첫 번째 덕목은 지혜이다. 가장 기본적인 발달 단계인 호기심부터 가장 성숙한 단계인 예견력까지 지혜를 발휘하는 데 거쳐야 할 여섯 단계를 정리한 것이다.

1. 호기심 ____________
2. 학구열 ____________
3. 판단력 ____________
4. 창의성 ____________
5. 사회성 지능 ____________
6. 예견력 ____________

1. 호기심

이 항목에 점수가 높은 아이는 세상에 대한 호기심이 최고조로 높다. 새로운 경험에 대한 열린 마음을 가졌고 자신의 생각이 다른 사람과 다른 것에 불편해하지 않고 융통성을 갖고 토론하고 함께 생각하는 것을 참으로 즐긴다. 호기심이 많은 아이는 불분명한 것들을 그냥 지나치지 않는다. 불분명한 것을 해결해서 호기심을 충족시켜야 직성이 풀린

다. 이 호기심이란 것이 꼭 어떤 구체적인 한 가지에 국한
되는 게 아니라 광범위한 것일 수도 있다. 호기심은 새로운
것에 대한 적극적인 관심이기 때문에 그저 텔레비전 앞에
앉아 리모컨만 누르는 것처럼 수동적으로 정보를 습득할
때는 이 강점을 제대로 익히지 못한다. 이때는 호기심과 정
반대로 싫증을 느끼기 십상이다. 어쩌면 당신이 키우는 그
아이가 제2의 에디슨일 수 있다. 그러므로 그 아이의 학습
법은 교과서 안에 있는 것이 아니라 체험 학습이나 자연 속
에서 찾아보는 게 더 효율적일 수 있다.

산만하다고 문제아 취급하지 말고 자녀가 세상에 대한
애정과 호기심이 많다는 것을 인정하고 더 넓은 교육관을
갖는 부모의 변화가 필요하다.

2. 학구열

학구열이 높은 아이는 교실에 있을 때나 혼자 있을 때나 새
로운 것을 알고 싶어 한다. 학교 공부, 독서, 박물관 견학 등
배울 기회만 있다면 어디든 찾아간다. 이 항목이 높은 아
이는 어떤 분야든 전문가로 자랄 확률이 높다. 이 학구열
을 친구들이나 많은 사람이 인정해 주는가? 정신적이나 물

질적으로 외적 보상이 없을 때에도 그 분야에 대한 학식을 쌓고 싶은가? 진정한 학구열은 직업 때문이나 부모의 강요 때문이 아닌 순수한 자신의 관심에 따라 공부하게 되는 것이다.

3. 판단력

판단력이 뛰어난 사람은 자신이 누구인지 다각적으로 생각하고 검토한다. 절대 성급히 결론내리지 않고 확실한 증거를 기준으로 결정을 내린다. 또한 틀리다는 생각이 들면 과감이 결정을 바꿀 용기도 있다.

여기서 말하는 판단력이란 자신과 다른 사람들에게 도움이 될 만한 정보를 객관적이고 이성적으로 가릴 줄 아는 능력이다. 판단력은 비판적 사고와 비슷하다. 그래서 현실을 정확하게 인식하기 때문에 우울증에 걸릴 확률이 낮아진다. 이유는 우울증 환자들을 괴롭히는 논리적 오류 따위를 저지르지 않기 때문이다. 과도한 자책감으로 모든 게 내 탓이라는 생각을 갖거나, 단순한 이분법적으로 생각하지 않는다. 이 강점과 반대되는 사고는 자신이 믿고 있는 생각을 모두 사실이라고 믿는 것이다. 그러므로 판단력은 자기 자

신의 희망이나 욕구를 사실과 혼동하지 않게끔 해주는 건
강한 강점지능으로 이 지능이 높은 아이들은 연구직이든
법률가이든 사회에 꼭 필요한 곧은 인재로 자라날 확률이
높다.

4. 창의성

무언가 하고 싶은 일이 있을 때, 그 목적을 달성하기 위해
새로우면서도 옳고 바른 방법을 찾는 데 남다는 능력이 있
다면 자녀가 창의성이 뛰어난 사람이라는 결과이다. 이런
아이는 기존의 관습적인 방식에 만족하지 못한다. 여기에
서 말하는 창의성이란 꼭 예술가에게만 적용되는 말이 아
니다. 스티브잡스처럼 기존의 컴퓨터에 대항하여 컴퓨터에
별 지식 없어도 사용할 수 있는 맥킨토시라는 컴을 만드는
것처럼 세상 이치에 밝은 실천적 지능과 상식도 여기에 포
함된다.

5. 사회성 지능

사회성 지능과 대인관계 지능은 자신과 다른 사람들에 대
한 지식이다. 이 지능이 뛰어나면 다른 사람들의 동기와 감

정을 금방 알아채고 그에 맞게 반응할 줄 안다. 또한 기분, 체질, 동기, 의도 등 사람들의 차이점을 쉽게 구별하고 그에 따라 알맞게 행동한다. 이 강점을 자아성찰이나 신중한 사고와 혼동할 수 있는 데 절대 그것은 아니다. 사회성 지능은 성숙한 사회 활동을 할 때 발휘하는 특성이기 때문이다.

대인관계 지능은 자신의 감정을 잘 다스리고, 스스로의 행동을 이해하고 바로잡을 줄 아는 능력으로 이루어진다. 대니얼 골먼 박사(심리학자, 경영컨설턴트)는 이 둘을 하나로 묶어 '정서 지능'이라 부른다. 이 강점들은 친절이나 지도력 같은 다른 강점의 토대가 된다.

이 강점은 또한 자신에게 알맞은 직업을 정확하게 파악하는 데도 도움이 된다. 다시 말해 자신의 적성과 능력을 최대로 발휘할 수 있는 일을 찾게 해준다. 아이가 가장 탁월한 능력을 일상생활 속에서 한껏 발휘할 수 있는 공부와 취미 활동을 선택할 줄 아는 사람인가? 최선을 다한 일에 대해 그만한 성과를 내고 있는가? 세계 최대의 여론조사 기관인 갤럽에서 직업 만족도가 가장 큰 사람들은 '당신은 날마다 최선을 다해 일할 수 있는 직업에 종사하는가?'라는 질문에 바로 그렇다고 대답했다는 조사 결과를 발표한 적이 있었다. 야구선수로서는 성공하지 못한 마이클 조던이 농구 황제로 거듭났다는 사실은 되새겨볼 만하다. 만약 조던이 계쏙 야구 선수로 있었다면 어땠을까? 성적도 문제이지만 만족도도 떨어져 행복하지 못했을 것이다. 그러므로 자녀가 원하고 잘하는 것을 찾아주고, 만약 다른 선택을 했을 경우에 과감하게 강요하지 말고 행복하게 잘 할 수 있는 일을 찾아주는 것이 부모의 책임이다.

6. 예견력

예견력을 지혜라는 덕목에서 가장 성숙한 강점으로 분류한 것은 이것이 지혜와 가장 가깝기 때문이다. 사람들은 이 강점이 탁월한 사람들의 경험을 참고해 자신들의 문제를 해결하려고 한다. 요컨대 이것은 너나없이 모두 수긍하는 세상의 이치를 정확히 아는 능력이다. 지혜로운 사람은 삶에서 가장 중요하고 복잡한 문제들을 잘 헤쳐 나갈 줄 안다. 그러므로 이 지능이 높다는 것이 종교인을 뜻하는 것이 아니라 어떤 문제나 고난에 부딪쳐도 헤쳐나갈 수 있는 마음의 힘이 건강하게 버티고 있다는 것을 말한다. 그러므로 매일 매일 행복하고 긍정적인 미래를 맞이할 확률이 가장 높은 지능을 갖추었다는 것을 뜻하는 것이다.

제2 강점지능. 용기

이 강점지능은 성공할 확신이 없을지라도 가치있는 목적을 위해 굳은 의지를 발휘하는 힘이다. 무릇 용기 있는 사람은 아무리 큰 시련이 닥쳐도 꿋꿋하게 밀고 나간다. 용기는 동서고금을 막론하고 언제나 인정받는 미덕으로, 어떤 문화권이든 이 강점을 몸으로 보여준 영웅들이 있다. 죽을 줄 알면서도 마지막 전쟁의 선택을 순순히 받아들인 백제의 계백 장군이 그러하고, 독립 투쟁으로 젊음을 바치고 이토오 히로부미를 사살하고 사형당한 안중근 의사가 대표적인 예라 할 수 있겠다. 여기에는 호연지기, 끈기, 지조가 포함된다.

    7. 용기 ___________

    8. 끈기 ___________

    9. 지조 ___________

    7. 용기 ___________

용기있는 사람은 위협, 도전, 고통, 시련을 당해도 물러서지 않는다. 호연지기는 신체적으로 위협을 느끼는 싸움에서 발휘하는 용감함보다 그 뜻이 한층 더 넓다. 이것은 어렵고 위험해서 다른 사람들이 꺼려하는 것에도 아랑곳하지 않는 지적·정서적 태도이다. 연구자들은 지난 몇 년 동안 호연지기와 용감함을 엄격히 구분해왔다. 두려움의 유무를 호연지기와 용감함을 가름하는 기준으로 삼은 것이다.

용감한 사람은 공포를 이루고 있는 정서적 요소와 행동적 요소를 구분하지 못한다. 그래서 불안감을 느끼면서도 도망가지 않고 두려운 상황에 맞선다. 이처럼 두려움을 느끼지 않고 대범하고 저돌적으로 행동하는 것은 호연지기가 아니다.

호연지기는 싸움터에서 보여주는 용기나 신체적 용기가 확대된 개념이다. 요컨대 도덕적 용기와 정신적 용기까지 모두 포함된다. 도덕적 용기는 사람들의 관심을 끌지 못해서 불운을 가져다줄 가능성이 큰 것도 마다하지 않는 자세이다. 일본 유학 중 지하철 밑으로 뛰어내린 취객을 구하고 목숨을 잃은 고 이수현의 일화에서도 볼 수 있고, 재계나 정계의 내부 양심선언을 하는 것도 호연지기의 한 예이

다. 정신적 용기에는 커다란 시련이나 오랜 병고에도 인간
의 존엄성을 잃지 않는 극기와 초연함도 포함된다.

8. 인내

이 강점 지능을 가진 아이는 일단 시작한 일을 끝내 해낸
다. 성실한 아이는 어려운 숙제를 맡겨도 큰 불평 없이 기
꺼이 책임을 다해낸다. 나아가 더 좋은 결실을 얻기 위해
끊임없이 노력한다. 그리고 더 큰 목표를 갖고 해내가려고
노력하지 부족하게 하는 법이 없다. 인내가 무모하게 집착
하는 것과는 구별되어야 한다. 이룰 수 없는 것에 매달리
는 것이 집착이라면 성실한 아이는 융통성이 있어서 현실
적이어서 최선을 다하되 완벽주의자로 자신을 괴롭히지 않
는다. 야망에는 긍정적인 의미와 부정적인 의미가 둘 다 포
함되는데, 긍정적인 야망이 이 강점에 속한다. 이에 속하는
위인을 찾아 보자면 링컨 미국 대통령으로 임하기 전 점원,
나룻배 사공, 측량 기사 등의 일을 성실히 하면서 모든 사
람들에게 인정받았고, 학대받는 사람들을 위해서 일하겠다
고 결심한 약속을 잊지않고, 노예제도를 폐지하고 노예들
을 해방을 시켰다.

정직한 아이는 진실하게 말하고 참되게 행한다. 또한 진솔하고 위선을 부리지 않는 사람이다. 지조나 진실에는 다른 사람들에게 사실대로 말하는 것 이상의 미이가 담겨 있다. 말로든 행동으로든 자신의 의도와 목적을 자기 자신은 물론 다른 사람들에게 진지하게 알리는 것이다. 그러므로 고자질과는 구별되어야 한다. 고자질은 말을 옮기는 대상이 상처받고 피해받기 원하는 악의적인 마음을 갖고 이야기하는 것이기 때문이다.

세익스피어의 말처럼 "자기 자신에게 진실한 사람은 다른 누구에게도 거짓을 보이지 않는 법이다."행동한다.

제3 강점 지능. 사랑과 인간애

이 강점을 가진 아이들은 다른 사람, 즉 가족이나 친구, 주위 사람들과는 물론 낯선 사람들과도 따뜻한 마음을 나누게 된다. 그러므로 봉사를 잘 하고, 남의 어려움에 먼저 나서게 되는 일이 많다. 그럴 때 부모님은 네 일이나 신경쓰

라고 하지 말고 그 마음을 더 칭찬해주고, 지지해주어 아이가 더 큰 강점으로 계발시킬 수 있도록 도와야 한다.

10. 친절 _____________
11. 사랑 _____________

10. 친절

다른 사람에게 친절과 아량을 베푸는 아이는 절대 자기의 이익만을 쫓지 않는다. 다른 사람들에게 선행을 베푸는 일을 즐겨 한다. 전혀 모르는 사람이라도 상관없다. 무거운 짐을 들고 가는 할머니를 돕는가 하면, 길잃은 강아지를 안고 집으로 데려오기도 한다. 아이가 자기 자신에게 기울이는 마음 못지않게 다른 사람들에게 관심을 기울이는가? 여기에 포함되는 모든 강점의 핵심은 다른 사람의 존재를 인정하는 것이다. 친절은 나 아닌 다른 사람들의 최대 관심사를 잣대로 상대방과 관계를 맺는 다양한 방식을 포함한다. 설령 그런 방식들 때문에 자신의 희망이나 욕구가 좌절되더라도 말이다. 그런 모습 때문에 부모님은 답답하고 아이에게 똑똑하지 못하다고 혼낼 수도 있지만 이 강점지능은 절대 혼날 일이 아니다.

배려와 동정심이 높은 이 아이들이 세상을 따뜻하게 만들고 행복하게 만드는 주인공이기 때문이다.

11. 사랑

이 강점을 지닌 아이는 다른 사람들과의 밀접한 관계를 소중히 여긴다. 이것은 그저 남녀 간의 사랑보다 훨씬 깊고 넓은 의미의 사랑이다.

넓은 의미의 사랑이란 서로가 서로를 위하고 아끼고 귀히 여기고 중히 여기고 하는 일을 사랑의 구체적인 마음을 전하는 징표라고 믿었다. 그런가 하면 공경하고 섬기고 하는 것이 그렇듯이 아랫사람이 윗사람을 대하는 마음의 쓰임새가 사랑이었는가 하면, 귀여워하고 예뻐하고 하는 것이 그렇듯이 손윗사람이 손아랫사람을 대하는 마음의 바탕 역시 사랑이라고 일컬어져 왔기 때문이다.

인간 관계를 소중히 여긴다는 뜻으로 받아 들일 수 있는데, 1939년부터 1944년까지의 하버드대학교 졸업생들을 대상으로 60년 동안 추적 조사를 해온 베일런트 교수는 개인

의 건강과 행복에 지대한 영향을 미치는 것은 인간관계라
는 데 의견을 같이한다.

위 조사 결과가 중요한 것은 이 지능이 높은 아이일수록
행복하고 건강하게 자랄 확률이 높다는 것이다. 베일러트
교수 본인도 47세까지 형성된 인간관계가 이후의 건강하고
행복한 삶의 지표가 된다,고 밝히면서 인생에서 가장 중요
한 것은 ‘다른 사람들과의 관계’라는 사실을 연구를 진행하
면서 배웠다고 밝혔다.

제 4 강점 지능. 정의감

이 강점 지능은 사회에 속한 시민으로서 행동할 때 드러난
다. 이것은 일대일 인간관계를 넘어서서 가족, 지역, 나라,
세상과 같은 아주 큰 사회와의 관계에서 발휘된다.

정의감의 대표 위인을 찾아 보면 백범 김구 선생님을 꼽
을 수 있는데 비단 일제 침략에 반대하는 정의로운 독립 투
쟁뿐만 아니라, 일상의 모든 주변 사회생활 문제에까지 ‘정
의’로운 일이 아니면 결코 하지 아니하였다. 그의 정의란 나

쁘고 바르지 못한 것을 바로잡는 행동을 말한다.

    12. 시민 의식 ___________

    13. 공정성 ___________

    14. 리더십 ___________

12. 시민의식

이 강점을 지닌 아이는 지금 가족과 학교, 어린이집 등의 탁월한 구성원으로 자리 잡고 있을 것이다. 헌신적이고 충실해서 언제나 자기가 해야 할 몫을 다하고 단체의 성공을 위해 열심히 노력한다. 구성원으로서 자신의 몫을 다했는지, 설령 자기 개인의 목적과는 다를지라도 단체의 목적과 목표를 얼마나 중요하게 생각하는지, 선생님이나 보호자의 위치에 있는 어른들을 얼마나 존경하고, 자신의 이익이나 욕심을 버리고 그 말씀과 가르침을 따르는지 생각해보면 파악될 수 있을 것이다. 그렇다고 이 강점지능이 무조건적인 복종을 뜻하는 게 아니다. 선생님에 대한 존경과 옳다는 판단이 서야 갖춰지는 강점이다. 많은 부모님들이 자녀가 성장할 때 지니기를 바라는 강점이 여기에 속한다.

13. 공정성

공정한 아이들은 자신의 개인적인 감정에 따라 다른 사람들에 대한 결정을 편파적으로 하지 않는다. 또한 모든 사람에게 똑같은 기회를 준다. 아이가 가치 있는 도덕률에 따라 행동하는가? 전혀 모르는 사람일지라도 자신의 문제처럼 다른 사람의 이익에 대해 생각해 주는가? 만약 두 사람이 똑같이 행동했다면 그 두 사람에 대한 처리가 같은가? 자신의 편견이나 사적인 감정에 치우치지 않고 판단할 수 있는가? 흑인 인종차별이 가장 심하기로 유명한 남아프리카공화국의 대통령, 만델라는 백인들에게 핍박과 온갖 차별대우를 당했지만 대통령이 된 이후 백인과 흑인을 공정하게 대하는 공평 정치를 한 것으로 유명하다. 복수가 아닌 백인을 사랑으로 감싸 안은 대통령이었기에 온 세계의 존경을 받는 정치인으로 유명해 진 것이다.

14. 리더십

리더십이 뛰어난 아이는 단체를 조직하고 관리하는 능력이 남다르다. 이것은 겉으로 보이기에 반장이나 회장 감투를 쓰는 것으로 보여 질 수도 있지만 이것의 개념은 그것을 뛰어넘는 인간적이고 정신적인 지도자를 말한다. 유능한 지도자란 학교나 단체의 임무를 효율적으로 수행하도록 이끌어주고, 또래 친구나 구성원들이 원만한 관계를 유지하도록 이끌어준다. 아울러 리더십이 높은 아이들은 문제를 다룰 때에 '누구에게도 원한을 갖지 않고, 모든 사람들에게 관대하며, 옳은 일은 단호하게 추진하는' 인도주의 정신을 겸비해야 한다. 리더십을 갖춘 아이가 성장하여 인도적 국가 지도자가 되면 적을 관대하게 용서하고, 자신의 지지자들과 똑같이 대해야 한다. 인도 건국의 아버지 간디는 오로지 진리의 힘에 의지하여 옳은 것을 비폭력으로 이룩한 인류의 스승이다. 그는 손수 지어 입은 무명옷을 갑옷 삼아 비폭력 무저항주의로 대영제국에 끈질기게 맞서 끝내 독립을 쟁취하였다. 그의 가장 큰 무기는 진정성이었다. 그는 매우 정직한 사람이었다. 사소한 잘못마저 스스로 고백하고 뉘우치는 한편, 상대방을 인정하고 신뢰를 주어 강한 지도력을 발휘한 위인으로 꼽을 수 있다.

또한 이 강점의 중요성은 국가수반 뿐 아니라 군대 지휘관, 최고경영자, 경찰 총장, 보이스카우트 단장, 학생회 회장. 각종 조직의 지도자들에게 필수 덕목이다.

제 5 강점 지능. 절제력

절제력이란 강점지능은 모든 강점들의 핵심으로서 욕망과 욕구를 알맞게 조절해서 밖으로 꺼내놓는 힘이다. 절제력이 강한 사람은 모든 것을 억제하는 것이 아니라 욕망 때문에 자기 자신을 비롯한 다른 사람들에게 해를 끼치지 않도록 적절한 기회가 올 때까지 기다릴 줄 알고, 자신이 원하는 것이 해를 끼치는 것이라면 과감히 포기하고 버릴 수 있는 힘을 가졌다.

15. 자기통제력 ____________

16. 신중성 ____________

17. 겸손 ____________

15. 자기통제력

아 강점을 가진 아이는 쓸데없이 떼를 쓰거나 고집부리는 일이 많지 않다. 어른스럽다는 이야기를 들으며 적절한 시기가 올 때까지 자신의 욕망, 욕구, 충동을 자제한다. 갖고 싶은 것이 있는 것이라고 해도 부모님의 상황과 말씀을 들고 기다릴 수 있다. 그러나 기다려야 한다는 사실을 아는 것만으로는 부족하다. 참아야 한다는 것을 아는 만큼 반드시 참는 행동을 해야 한다. 기분 나쁜 일이 생겼어도 자신의 감정을 다스릴 수 있는가? 부정적인 감정을 다스려 평온한 상태로 쉽게 되돌릴 수 있는가? 힘든 상황에서도 평온하고 쾌활함을 유지할 수 있는가?

16. 신중성

사려 깊은 사람은 나중에 후회할 말이나 행동을 바로 하지 않는다. 모든 결정 사항들을 충분히 검토한 뒤에야 비로소 행동으로 옮긴다. 또한 멀리 보고 깊이 생각한다. 더 큰 성공을 위해 눈앞의 이익을 좇으려는 충동을 억제할 줄 안다. 특히 숱한 위험이 도사리고 있는 세상에서 조심성은 부모가 아이들이 지니기를 바라는 강점지능이다. 부모는 자식이 운동장에서 놀 때, 자동차를 타고 있을 때, 술이나 담배 등의 유혹이 올 때 직업을 선택할 때 등 어려서나 어엿한 성인이 되어서도 늘 다치지 않도록 조심하기를 바란다.

겸손한 아이는 뭇 사람들의 시선을 받으려 하기보다 자신이 맡은 일을 훌륭히 끝내는 데 힘쓴다. 스스로 돋보이려 애쓰지 않아, 영악한 아이들이 받는 스포트라이트와는 멀리 있을 지 모르지만 멀리 보게 되면 그 아이의 귀중함은 빛을 발하게 되어 있다. 또한 자신을 낮출 줄 알며 자만하지 않는다. 자신이 이룩한 성공을 누구나 할 수 있는 일처럼 대수롭지 않게 생각한다. 중요한 프로젝트에 자신이 이바지하고 노력한 것쯤이야 당연한 일로 받아들인다. 그런 마음이 고스란히 묻어난 겸손은 짐짓 보이기 위한 행동이 아니라, 시간이 지나면 그 진실함을 사람들이 더 존경하게 되어 있고, 더 높은 자리에 오르게 되어 있다.

두 임금의 어진을 그리게 된 김홍도의 일대기를 살펴봐도 겸손이 자신을 피해보게 하는 게 아니라 존경받게 하는 강점지능인지 깨닫게 된다. 열아홉에 어린 화원으로 뽑힌 김홍도는 선배 화원들에게 부러움에 질시도 받고 미움을 받지만 겸손으로 더 낮은 자세로 임하고, 영조와 정조 두 임금의 어진을 그리는 영광을 얻으면서도 늘 겸손하고 남을 더 높여주는 따뜻한 마음으로 그의 곁에는 그를 따르는 많은 사람이 있었다고 한다. 또 백성들의 생활을 관찰하여 세세하게 그렸는데 신분의 낮고 천한 것을 따지지 않고 작품으로 승화하는 예술가의 열린 마음을 보여주었다. 화원으로서 연풍의 현감의 자리까지 올랐던 김홍도가 만약 자신의 공을 스스로 세우고 으스대며 잘난 척 했다면 수 세기를 뛰어넘는 위인으로 기억될 수 있었을까?

제 6 강점 지능. 영성과 초월성

강점 지능의 마지막으로 평가로 소개하는 이 '초월성'이란 말은 역사 속에서 그리 널리 사용되는 것은 아니다. 사실 '영성'도 개인이 선택할 문제이다. 그러나 영성이라는 이 특별한 강점과, 열정이나 감사 같은 비종교적인 강점을 혼동하지 말아야 한다. 여기서 말하는 초월성이란 더 크고 더 영원한 것에 가 닿는 정서적 강점을 의미한다.

다른 사람들, 미래, 지화, 신 또는 우주에 닿아 있는 것이다. 그러므로 아직 어린 아이들에게서는 발견되기 어려운 것이라고 생각할 수 있지만 아름다운 것에 대한 이끌림, 작은 선행에 대해서의 감사와 감동, 미래에 대한 희망과 동경 등을 통해서도 나타날 수 있는 항목이므로 어렵게 대하지 않았으면 좋겠다. 부모가 어려워하면 검사받는 아이에게도 어렵게 느껴지고 올바른 대답을 못할 가능성이 높기 때문 이다.

영성과 초월성

18. 감상력 ____________

19. 감사 ____________

20. 희망 ____________

21. 영성 ____________

22. 용서 ____________

23. 유머감각 ____________

24. 열정 ____________

18. 감상력

이 강점을 가진 아이들은 길가에 핀 민들레를 보기 위해 학 교에 가던 길을 멈춰 쪼그려 앉아 그 향기를 맡고 있다. 못 듣던 새소리에 귀 쫑긋 세우고 모든 분양의 아름다움에 반하고, 감동을 주는 음악과 동화, 그림을 감상할 줄 안다. 자연과 예술, 수학과 과학을 비롯한 세상 모든 것에서 아름다움을 발견한다. 놀라워하고, 감탄하며 경이로움을 느끼기까지 한다. 김연아 선수의 스핀이나 몸짓 하나에 박수를 치고, 거대한 파도를 몰고 오는 바다를 보며 그 고결함에 깊이 감동한다.

이 감상력을 갖춘 아이가 모두 예술가로 자라는 것은 아니다. 세상 모든 것이 아름답다고 느끼기에 수학자로 자랄 수도 있고, 과학자, 언어학자 등 다양한 진로가 열려있다. 이 아이들의 진짜 장점은 세상이 아름다운 것으로 가득 차있다고 생각하여 행복하고 더 많이 보고 들으려고 열린 마음을 가졌다는 것이다.

19. 감사

고마움을 안다는 것은 아이에게 일어난 일을 늘 기쁘게 생각하며, 어떤 것이든 당연한 게 아니라 특별한 마음으로 받아들인다. 그래서 작은 것에도 항상 고마움을 전한 시간을 마련한다. '고맙습니다'를 입에 달고 살며 그 감사가 형식적인 것이 아니라 진심에서 우러나는 것이다. 감사는 남달리

돋보이는 어떤 사람의 도덕적 품성을 감상하는 것이다. 감사는 하나의 정서로서, 경이로움과 고마움을 느끼며 삶 자체를 대하는 정신 상태이다. 남뿐만 아니라 자기가 다른 사람들을 행복하게 한다면 그 또한 고마운 일이고, 선행을 실천하는 사람들에게 더 깊이 감사한다. 이것은 사람 뿐 아니라 신, 자연, 동물들처럼 비인격적인 존재에게 향하기는 해도 자기 자신에게 향하지는 않는다. 일생을 아프리카에서 의료 봉사한 슈바이처 박사는 노벨평화상의 수상자가 되었을 때 "내가 그 상을 받으러 가면 이 사람들은 죽게 될 것이다, 노벨평화상을 받은 건 영광이지만 난 지금 그 상을 받으러 갈 수 없다"라는 말을 해 존경을 2배로 받았다.

20. 낙관성

낙관적인 아이는 자신이 최고가 될 날을 기대하며 계획을 세우고 그 계획대로 실천한다. 희망, 낙관성, 미래지향성은 미래에 대한 긍정적인 자세를 드러내주는 강점들이다. 열심히 노력하면 좋은 일들이 꼭 일어날 것을 기대하고 미래를 설계하는 한편, 현재 자신이 있는 곳에서 즐겁게 생활하고 목표를 향해 힘차게 나가기 때문에 꿈이 현실로 이루어

질 가능성이 높다.

자녀가 행복하게 살길 원한다면 성공이나 돈 버는 방법이 아닌 어느 상황에 닥쳐도 낙관할 것을 가르쳐야 한다고 권고한다. 충격적이게도 대한민국 청소년의 대부분이 우울증이나 자살을 생각해본 적이 있으며 부모와의 관계에서 오는 스트레스 때문에 삶이 무기력하다고 대답한다. 이렇게 성적이나 경쟁 심리에 지친 아이들이 쉽게 낙담하고 절망하는 습관을 갖게 된 것은 어쩌면 당연한 결과다. 그러나 진짜 인생을 사는 이유는 누군가를 제치고 올라서는 것에 목적이 있는 것이 아니라 내 삶을 내가 살아가는 데서 얻는 자유를 만끽하는 데 있다.

21. 영성

이 강점지능을 가진 아이는 우주의 더 큰 목적과 의미에 대한 믿음이 크다. 그래서 신앙심이 깊을 수도 있고, 그것을 떠나서 자신이 큰 우주에 속해있다고 확신한다. 자신보다 훨씬 더 큰 무언가에 속해있기 때문에 자신의 삶이 의미 있고 그 사명감으로 살아가고자 한다. 뉴턴의 사과나무 일화를 살펴봐도 이 신념이 어떤 것인지 알 수 있을 것이다. 과

수원의 사과나무 아래서 졸고 있던 뉴턴의 머리 위로 사과가 떨어졌다. 잠에서 깬 뉴턴은 사과가 왜 아래로 똑바로 떨어지는 지 의문을 갖게 되었다. 그리고 마침내 그는 사과가 아래로 떨어지는 데에는 어떤 힘, 즉 중력이 작용하며 그 힘은 행성을 포함해 우주의 모든 만물에 적용된다는 사실을 깨달았다. 남들에게는 당연한 것일지 모르지만 더 큰 지구와 우주의 논리로 생각한 뉴턴, 혹 당신의 자녀도 뉴턴의 자질이 보이는가? 그렇다면 부모로서 해야 할 일은 자녀를 엉뚱하다고 걱정하거나 야단치지 않고 함께 생각해보고 더 넓고 깊게 생각을 열 수 있도록 한 발 더 앞서 공부할 자세를 갖추어야 한다.

22. 용서

이 강점을 가진 아이는 자신에게 잘못한 사람을 진정으로 용서하고 항상 잘못을 만회할 기회를 준다. 가련하고 불쌍히 여겨 복수심을 버리는 것이다. 용서는 누군가에게 정신적으로나 신체적으로 상처 입은 개인의 내면에서 일어나는 유익한 변화가 나타나는 것이다. 용서하면 자신에게 해를 입힌 사람에 대한 기본적인 이유나 행동이 훨씬 긍정적이고 가볍게 바뀐다. 따라서 나쁜 마음을 품거나 그와 마주치는 일을 애써 피하지 않고 너그러운 마음으로 친절하게 대하는 경우가 많다. 아이가 맞고 들어왔을 때 부모들은 "누가 그랬어?" 더 크게 화를 내며 아이 손을 잡고 가서 그 아이를 혼내주는 일이 일반적인 반응인데 그렇게 되면 아이의 용서와 연민의 대표 강점지능을 낮추는 일이다. 그 아이가 왜 그랬는지, 한 번 실수거나 장난이 커진 것이라면 용서하고 함께 다시 친구로 지낼 수 있는 환경을 조성해 주도록 하자.

23. 유머 감각

요즘 가장 인기있는 사람은 유머 감각이 있는 사람, 즉 다른 사람에게 웃음을 선사해주는 사람이다. 이 강점 지능이 높은 아이는 삶을 긍정적으로 보는 경향이 크다. 지금까지 소개한 강점들이 아주 올곧은 마음이었다면 나머지 두 가지는 대단히 재미있는 것이다. 유머 감각이라는 강점 지능은 좋은 환경에서만 키워지는 것이 아니다. 찰리 채플린은 불우한 환경에서 성장하다가 10세에 극단에 들어가 점차 재능을 인정받아, 17세 무렵에는 당시 영국 최고 희극극단의 단원이 되었다. 여기에서 춤, 노래, 어릿광대 흉내, 판토마임 등 희극배우로서의 자질을 키우기 위한 체계적인 교육을 받고 미국 영화계에 데뷔하게 된다.

직접 각본,감독,주연을 겸하면서 수십 편의 단편영화를 제작하였다. 이 무렵 선보였던 콧수염, 실크햇, 모닝코트, 지팡이 등의 특유한 분장과 개성있는 연기는 차츰 미국의 무성영화세계를 석권해나갔다. 채플린은 아직 일관된 내러티브가 없던 무성 슬랩스틱 코미디 장르에서 엎어지고 넘어지는 희극적 쾌감뿐만 아니라 심오한 비유적 의미를 몸동작과 표정, 화면구성만으로 표현했다는 점에서 평단과 관객의 전폭적인 열광을 이끌어냈다. 고통과 힘든 환경을 모두 웃음으로 승화시키고 유머 감각을 잃지 않았던 그였기에 그의 웃음이 더 빛을 발하는 것으로 보인다.

24. 열정

열정적인 사람은 활기가 넘치고 적극적이다. 아이가 자신이 하는 일에 몸과 마음을 다 바치는가? 새날에 할 일을 기다리며 아침에 즐겁게 눈뜨는가? 열정적으로 자신이 하는 공부에 임하는가? 그때 기운이 샘솟는가?

우리나라 무용가로서 세계적인 명성을 떨친 최승희는 한국 고전무용을 현대화했다. 미국, 유럽 등 세계 각국에서 공연하며 명성을 얻었고, 한국 전통 무용을 서양 현대 무용과 잘 결합시켰다는 평가를 받았다. 피카소는 "진정한 예술가는 시대의 꿈과 이상을 창조적으로 표현해야 한다. 조선의 발레리나 최승희가 그런 예술가"라고 말했고, 헤밍웨이는 "그녀의 무용동작은 인간의 가장 자연스러운 표현적 율동"이라며 놀라워했다. 채플린, 마티스, 존스타인벡, 뉴욕타임스, 프라우다신문, 아사히신문 등 세계적인 배우, 작가, 언론이 그녀의 매력에 빠지긴 마찬가지였다. 최승희는 나라를 빼앗겨도 무용에 관한 열정은 식지 않았고, 남북의 정치적 이념까지 뛰어 넘어 지금도 우리에게 진한 감동을 주는 무용가로 기억되고 있다.

출처: 물푸레 (마틴 셀리그만의 《긍정 심리학》, 《플로리시》, 《낙관적인 아이》, 《낙관성 학습》)